八代の
チョウ博士

JN044506

ギフチョウを守り
タガメを保護し、
ナベヅルを愛する

ヌース出版

表紙デザイン：フォルトゥーナ書房

八代のチョウ博士・・・目次

第1部　ギフチョウ

第2部　タガメ

第3部　ナベヅル

第4部　私のツル工作品展

第1部

ギフチョウ

ギフチョウの里・八代

　ギフチョウの保護活動のきっかけは、会社の先輩方のチョウの標本でした。それを見ていると、小学校時代に里山で遊んだ記憶に火がつき、チョウに魅了されていったのです。

　約10年間、山口県・広島県・島根県を休日ごとに、チョウの採集に没頭してきました。30歳後半、文献で八代の烏帽子岳北側斜面がギフチョウの生息地であることを知りました。早速、八代のギフチョウを求めて烏帽子岳へ行きましたが、ギフチョウの舞う姿を見る事は出来ませんでした。幾度も通う内に北側斜面でギフチョウの卵を発見し、それ以来、個人的に保護活動を続けてきました。

　八代はギフチョウの生息域の西限です。ナベヅルが北帰行をする頃に羽化し、約2週間、春の女神として華麗に八代の里を舞い短い一生が終わります。その間に交尾し、約100個の卵を食草であるカンアオイの葉の裏に産みつけて子孫を残します。10日前後で卵からふ化した幼虫は、4回の脱皮を繰り返して、6月の初旬に安全な場所を探してサナギになります。そして約10ヶ月間、暑い夏、寒い冬をサナギのままで過ごします。当然、サナギになれば春まで動くことが出来ません。その厳しい環境を乗り越えたものだけが、翌年の桜の咲く頃、サナギから羽化し、蝶になり八代の里を優雅に舞うことが出来るのです。

蝶の標本の一部・その1

蝶の標本の一部・その2

ギフチョウの卵

春の女神・ギフチョウ

村おこしグループ・夢現塾

　1990年、小学校活動の支援・各種イベントの開催・ツルの保護を目的とした村おこしグループの夢現塾が発足しました。それがきっかけで、八代小学校児童と一緒にギフチョウの保護活動をする事になり、約30年間児童と共に学び、私自身も児童に沢山の事を教えてもらい、助けられる事も多くありました。失敗は成功の基と言いますが、児童には当てはまりますが、私には当てはまりません。というのは、失敗はギフチョウの絶滅に繋がるからです。

　八代小学校でギフチョウの保護活動を続けている事が話題となり、八代小学校には多くの人々が春の女神・ギフチョウを求め、毎年小学校に訪れる方々が増えています。

毎年4月吉日、多くの人々・報道関係者の方々が集まる八代小学校

絶滅危惧種ⅠＡ類に引き上げ！

　ここでギフチョウについて簡単に説明をします。ギフチョウの仲間は世界中では４種類（ギフチョウ・ヒメギフチョウ・シナギフチョウ・オナガギフチョウ）しかいません。日本にはギフチョウ・ヒメギフチョウがいます。

　ギフチョウは原始的なチョウ（蝶の翅の化石の記録がある。また、メスは交尾後に板状付属物を付ける）で棲息地は、きわめて狭く、数も非常に少ないのです。また約10か月間サナギの状態で過ごすために、急激な開発には適応出来ないチョウでもあります。

　以前、東北と九州の友人にギフチョウのサナギを送ったところ、羽化率が全然違う事が分かりました。ある程度の寒さ（氷点下）が必要なのではないでしょうか。（九州・四国には食草であるカンアオイは多いのですが、ギフチョウはいません）。今後、地球温暖化も悪条件の一つとなり、いつ絶滅してもおかしくないチョウだと思います。その上、ギフチョウの飛距離は３〜500ｍで、その距離内に食草のカンアオイがなければ、生息域を広げることが出来ません。私の勝手な考え（観察）から、全国的な里山の崩壊により、食草となるカンアオイが育たなくなる環境になっています。

　八代も同様で、限られた場所（お宮・お寺・自然観察公園）でしかカンアオイが育たない状態になってしまいました。八代小学校の保護活動が無くなった時点で、八代の里から　ギフチョウがいなくなってもおかしくないと思います。

　ギフチョウは日本の本州特産種で、東・北限は秋田県から山形県で、西限は山口県です。またギフチョウの翅の紋様も

東北から南下するにつれて、微妙に変化しています。特に、日本西限・山口県のギフチョウは珍重されています。

　県内では、この10年で急激に減少したチョウで、従来の絶滅危惧種Ⅱ類からⅠA類に引き上げられました。以前に多く見られた岩国市・柳井市・光市・山口市・萩市でも、あまり見ることが出来なくなってしまいました。

コゴメザクラで吸蜜するギフチョウ

頭部が茶色　ギフチョウのメス

八代では、小学校生の保護活動のお陰で何とか棲息地として存続できています。ギフチョウの保護活動は全国的に行われており、山口県でも数多くの組織が色々な場所で活動されています。ギフチョウの棲息地でのカンアオイの育つ環境整備（カンアオイの増殖活動）によるギフチョウの保護は成功している例は多いですが、山口県では小規模で活動内容はギフチョウの育つ環境整備とギフチョウの増殖活動を同時に行っているのが現状です。活動が進むにつれ、春を告げる小型で美しいアゲハ蝶ということでマスコミの皆さんが飛びつき、優先順位が狂い活動が停滞していると聞いています。八代小学校では 1990 年から現在まで、産卵から幼虫・蛹そして羽化・放蝶を繰り返して約 30 年間活動が続き、マスコミ対応も上手くいっています。八代の問題点はギフチョウの育つ環境整備がまだまだ不十分で、小学生以外に後継者がいない点です。

　だからこそ、いつまでも小学校が存続し、いつまでもギフチョウがいて欲しいと思います。

いつまでも存続してほしい八代小学校

ギフチョウ飼育方法

　私のギフチョウ飼育方法について説明します

　なんの飼育にしても基本は、その動物・昆虫の食料と時間を確保することです。ギフチョウも例外ではなく、食草であるカンアオイの確保です。カンアオイはどこにでもあるわけではなく葉の枚数も 5・6 枚と少なく、カンアオイの生息地も限られています。群生して生えている場所はなかなかありません。

　ギフチョウは幼虫からサナギになるまでカンアオイの葉を 10 〜 15 枚位食べます。私の場合は、小学校と合わせて 200 頭育てているので、3000 枚のカンアオイが必要になります。私は家から 50km と遠距離ですが、5 時間かけて 1 日 3 〜 500 枚のカンアオイを採取しています。

　さて時間確保ですが、卵からサナギまで約 1 か月、最初の 15 日間は少量の糞の定期交換ぐらいですが、後半は 3 日に一度山に 5 時間かけてカンアオイの葉 300 枚を確保します。それを水洗し小分けして袋に入れ、冷蔵庫に保存で 1 時間掛かります。そして食べた分、飼育箱の大量の糞の清掃と餌の交換を 1 日に 2 回で 1 時間。これを怠ると幼虫が糞の悪臭と病気等で成長が遅れ、また寄生バエを呼ぶ事になります。約 10 ヶ月間サナギの状態で過ごすため、サナギの置く場所も重要となります。適度の湿気と日陰が必要です。私の場合、北向きの軒下に置いています。八代小学校でも同様です。当然寒さも必要ですが、八代は摂氏 10 度以下になる日が 1 ヶ月以上続きますので、問題ありません。後は春を待つだけです。

羽化2時間後に交尾

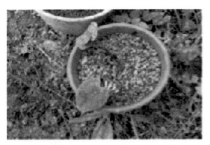

緑色の1mmの卵をカンアオイの葉に産卵

米の保冷庫（10℃）
水洗したカンアオイの葉を100枚単位でビニール袋に入れ
ゴム輪で閉じ保管する。（14日は新鮮に保てる）

① 飼育箱に新聞紙を敷き、水に濡らす。ペットボトルのキャップを置く。
キャップの上に5号平鉢2個を置く。
瓶に挿したカンアオイの葉を入れ、幼虫を入れる。

② 飼育箱に瓶に挿したカンアオイ（20枚×2瓶セット）

③ 飼育ケースの上に害虫侵入防止のため、パンストを被せる。

５箱の飼育ケースに小分けして飼育
害虫が侵入して、病気が発生した場合の絶滅（今までに経験）を防ぐため

終齢幼虫

④　終齢幼虫の場合、半日で 40 枚の葉を食べつくす。
飼育ケースを清掃後、幼虫がサナギになるまで①②③の作業を繰り返す。

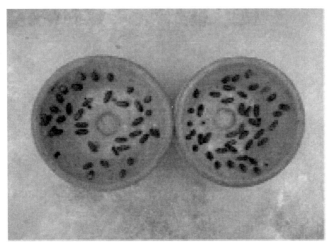

ギフチョウの幼虫がサナギに。
鉢にパンストを被せ、トカゲなどの侵入を防止。
翌年 3 月末まで日の当たらない湿気のある場所に置く。（八代は
氷点下に下がります）。気温の高い地域では、冷蔵庫等の工夫が必要です。

春の女神・ギフチョウを守る取組み

　ナベヅルの北帰行が終わり、春の気配を感じる頃、八代の里では 30 数年前からギフチョウが話題となっています。そして多くの報道関係者の方々が、春の女神・ギフチョウを求めて八代小学校に訪れるのが年中行事になっています。コロナウィルスの影響で、小学校での放蝶式が行えるか心配されましたが、何とか継続することが出来ています。

放蝶式アルバム（2023 年 4 月、宮本明浩撮影）

著者（田島 実）の挨拶

校長先生の挨拶

児童代表のスピーチ

今後のギフチョウ保護活動の課題

　ギフチョウは、以前は県内に多く棲息地がありましたが、本種が好む里山環境の減少や、土地開発などによりその数を減らしてきました。

　このギフチョウも県内ではほとんど見られなくなり、遂に山口県は 2022 年 3 月 22 日に、ギフチョウを「山口県希少野生動植物保護条例」の「指定希少野生動植物種」に追加指定したことを告示しました。その結果、ギフチョウの採集は実質禁止されました。

　八代でも保護対策の見直しが必要となりました。八代小学校ではこの減少したギフチョウの保護活動を続けて来ました。しかし、30 年前に比べて八代では過疎による里山の荒廃が続いており、昔に比べるとギフチョウの食草であるカンアオイの減少（間伐放置・伐採作業放棄等でカンアオイに日が差さず、根だけの休眠状態となる）が続いています。いくら保護活動を続けてもギフチョウの生息環境の減少が今後とも続いていけば、いつかは八代でもギフチョウの絶滅が危惧されます。

　八代ではギフチョウは山奥の山林ではなく人間の生活圏内で生息し、間伐や下刈りが保たれる人里に多く見ることが出来ます。このギフチョウを守るために、人との共生が出来る保護区をつくる必要があります。例えば、栗林や落葉広葉樹等々のチラチラと日が射す保護区をつくり、適度な草刈りや枝打ちを行い、ギフチョウの食草であるカンアオイが育つ生息環境を維持していく里山保全活動の取り組みが急務であると思います。

　しかし、実際に実行に移すことは大変なことで、1〜2 年

で解決出来るものではなく、数十年は掛かる可能性もあります。また、活動資金も重要な問題となり、保護区にすると土地購入及び管理等で地域の人々の理解が得られるかが問題となります。

そこで、すでにある八代のナベヅル保護活動を参考にしてみましょう。当活動に対しては、八代の人々の理解は十分に得られていますが、実際は自律的機能を備えた3団体（NPO法人ナベ協・ツルを愛する会・夢現塾）があります。しかし、ツル保護の目的、もしくは自然回復等々の共通理解があるものの具体的な保護活動が行われることは多くなく、問題点も多く抱えているのが現状です。ツルの保護においても問題点が多い中で、ギフチョウ保護活動は更に困難だと思います。

八代小学校では旧校舎裏に30年前からカンアオイを増やす取り組みが行われており、これを活かす事も重要です。さらに、裏山の二所神社のカンアオイ生殖地と併せて取り組むことが必要だと思います。このギフチョウも全国的に生息地が消滅し、絶滅が危惧されています。八代ではナベヅルの保護活動に比べ、まだまだギフチョウは地域住民の理解は小さく、ギフチョウの保護及び生息環境造りが上手くいくか問題が多くあります。今後活動を進めていくためにも複数の団体での保護活動ではなく、一団体で共通理解がある保護活動に限り、実効性のあるものに出来るのではないかと思います。また、実施にあたり小学校や地元のボランティア、専門家、愛好家などの協力が必要となります。しかし、この活動は、地域の人々の理解が得られる事が最大のカギを握っているかと思います。

第2部

タガメ

周南市八代に帰ってきたタガメ

　2010年、60歳定年退職を機にナベヅルを呼び込む目的で、休耕田をビオトープ（野生生物の生息空間）にしてドジョウを増やすことを始めました。

　ビオトープを造ったことで、ドジョウ繁殖だけでなく多種多様な野生生物が年々増加していきました。その結果として、2013年に待望のナベヅルが十数年ぶりに2羽飛来し、その後毎年、越冬地としてこのビオトープを利用しています。

多種多様な生き物が生息するビオトープで過ごすナベヅル

　2014 年には、高代地区で十数年ぶりに八代でタガメが発見されました。2015 年には、このビオトープでもタガメを見つけることが出来ました。以後、このビオトープがタガメの宝庫となっています。2020 年には、国内最大級の水中昆虫タガメが、絶滅のおそれがある野生動植物の種の保存に関する法律（種の保存法）に基づき、「特定第二種国内希少野生動植物種」に指定されました。しかし、タガメ人気は衰えるどころか、今以上に人気が高騰し、現在も山口県はもとより遠くは静岡県・愛知県・福岡県より多くのタガメ愛好家の人達が採取に来られるのが現状でもあります。

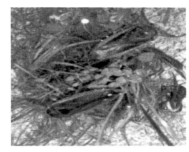

ビオトープに生息しているタガメ

2015 年に八代地区文化祭で出品した写真

2019 年の文化祭展示場

【2019 年の文化祭出品】

・コガタノゲンゴロウ・コジマゲンゴロウ・ハイイロゲンゴロウ・クロゲン
ゴロウ・ヒメゲンゴロウ・シマゲンゴロウ・タガメ・ガムシ・ミズスマシ・
マツモムシ・タイコウチ・ミズカマキリ・ヤゴ・アカハライモリ・ドンコ・
マドジョウ・ヌマエビ・オタマジャクシ・サワガニ・ヒル・ヒメアメンボ・
シマアメンボウ・マルタニシ・カワニナ・サカマキガイ・クロメダカ・ハリ
ガネムシ・八代の川に生息するオヤニラミ

八代小学校でのタガメ保護活動について

　2016年から八代小学校の児童と共に、タガメの保護活動を始めました。2021年からはタガメが、特定第二種国内希少野生動植物種に指定されたのを受けて、タガメの増殖・放流を目的として活動をしています。

①　6月上旬頃タガメを強制的に冬眠から覚めさせ（餌となるオタマジャクシが大量発生する時期）、10日間オタマジャクシを与えタガメ（オス・メス）を小学校へ持参する。
②　先ずは約20㎝×30㎝の水槽に産卵用の14cm棒を入れて、タガメのオス・メスを入れ、餌となるオタマジャクシを投入する。4年生を中心に観察記録を取りながら飼育を行う。（飼育方法は後述の私の飼育記録を参照してください）。
③　順調にいけば、30匹以上のタガメを成虫にすることが出来ます。

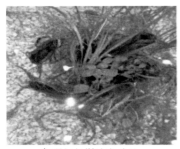
冬眠から覚めさせる

産卵用の棒

タガメの里親について

　八代小学校では、育てたタガメを多くの方々に知ってもらう事とタガメを増やす事を目的として、2022年7月に里親探しに取り組みました。

　タガメは絶滅のおそれがある野生動植物の種の保存に関する法律（種の保存法）に基づき、特定第二種国内希少野生動植物種に指定されています。そのため、里親は「不特定又は特定多数の人たち」となるので県に確認しました。

① 最後まで飼い続ける。

② 別の場所に放さない。

以上を守れば問題ありませんと言う事でした。

　里親探しは7月14日〜16日に募集し、周南市内の小学校へ。残りは野鶴監視所前の川へ放流しました。

私の飼育記録について

　タガメは臭いと、よく言われますが、それは間違いです。生きた餌の食べ残し死骸・自身の尿酸を含む大量の排泄物で水槽が汚れ、腐食するからです。特に羽化した時、幼虫は数が多いため、特に注意が必要です。また、野生のタガメを捕獲した時も注意が必要です。小さな水槽・多めの餌の投入は死を招きます。こまめな水の入替、餌の管理が必要です。

　タガメは日本最大級の水中昆虫で、水草につかまり獲物を待伏せします。ときにはマムシも捕獲する水中のギャングで、しかも水陸空で動き回る恐るべき昆虫でもあります。接近した獲物を大きな前脚で捕獲し、針状の口吻消化液を注入し、獲物の肉を食べます。赤いメダカを与えた場合、骨が見えて真白になります。

　基本的には、6cm以下がオスでそれ以上がメスですが、6cm以上のオスもいます。最終的には腹部末端の中央にある器官に薄紙をあて、小さな凹みがあるのがメスで、オスには凹みがないので区別ができます。繁殖期は6月中旬頃〜7月下旬にかけてです。

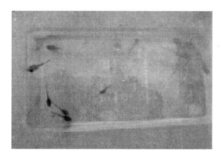

見えにくいですが、メダカは白く、オタマジャクシは消えていない

▲▲▲▲▲ 取り扱い注意

　前脚の巨大爪は鋭利で、挟まれると中々抜けなくなり痛い。また、口吻に刺されると当分の間痛みがある。

オスとメスを同じ水槽に入れると、翌日には60〜100個の産卵を確認できます。タガメは水陸空の昆虫なので、必ず蓋をします。

　メスは産卵管から白い泡と共に卵を産み付け、オスは数分間隔で交尾を繰り返します。タガメの産卵は3〜4回で、4回目は無精卵の可能性があります。

　産卵後、メスを他の水槽に移します。自然界では、メスは産卵後、次の子孫を残すため、次のオスを求めて飛び去ります。卵の世話はオスの仕事で、外敵から卵を守り、卵が乾かないように水を吹きかけ乾燥を防ぎます。当然のこと、卵が孵化するまで断食です。その分、子育てに専念します。まさに涙が出るぐらい一生懸命に、母性本能でなく、父性本能を発揮します。

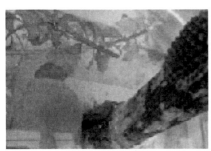

外敵から卵を守る

卵に水を吹きかける

卵に近寄る者に威嚇する

卵が孵化し、1匹が出てくる

孵化は室内であれば7日位、野外であれば10日位で早朝80〜100個の卵が一斉に孵化します。幼虫は1.5倍位に成長して1cm位になり、その後も脱皮毎に1cm位成長していきます。5齢幼虫から新成虫になる時は大きい個体はメスで6.5cm以上、オスで6cm以上も珍しくありません。

子供に餌の捕り方を教える

孵化した沢山の幼虫

　野外では、1齢幼虫から成虫までは40日かかり、大量のオタマジャクシが必要となります。

　80〜100の幼虫を小分けにしない方がいい。幼虫は獲物(オタマジャクシ)を集団で襲うからです。小さな器に小分けすると獲物を捕獲できない事があります。タガメの数倍以上のオタマジャクシが暴れると幼虫が死亡する確率が高くなる。

　餌が充分にあれば終齢幼虫まで共食いはほとんどないが、4齢幼虫から6〜7匹ずつ分けた方が良い。脱皮する時に共食いの事故に合う可能性があるからです。(充分な餌を与えても)当然のこと、足場となる水草(ホテイアオイ等)を入れる必要があります。

集団でオタマジャクシを襲い食べる

脱皮を繰り返した終齢幼虫と抜け殻　　　　最後の脱皮を待つ終齢幼虫

黄金に輝く脱皮直後の成虫

数時間後の成虫と抜け殻

　約20㎝×30㎝の水槽の場合、餌の食べ残し死骸、自身の大量の排泄物（尿酸）が30㎝以上の高さになります。こまめな水の入替が必要ですし、水槽の周りが排泄物で真っ黒になりますので、汚れに特に注意が必要です。

　上手くいけば、40匹以上が成虫になります。2021年度、42匹を成虫にする事が出来ました。成功率は約50％です。

　外気温が20℃以下になると、動きが悪くなります。成虫は9月に入ると、食料のオタマジャクシは1日に2匹以下となります。

　9月末には、強制的に冬眠をさせます。発泡スチロールの中に水草【私の場合、石の上にセキショウを抱かせ（微小の砂を接着剤にして、日陰に置くと約半年で5㎝位のセキショウとなり石の上に接着する）】を入れ、寒い日に上陸できるようにします。オス・メスを分けて、家で一番寒い場所に置いていますが、我が家のタガメは水中で冬眠します。当然の事ながら、1ヶ月はタガメごと凍結します。ほとんどは生き残りますので、まさに無敵の王者です。

発泡スチロールの中でタガメを冬眠させる

石に接着したセキショウ

　６月１日以降に冬眠から目覚めさせるが（日の当たる温か
い場所に出す）、その時は必ずオタマジャクシが必要です。産
卵に向けて、タガメ１匹につき３匹／日が必要です。

第３部

ナベヅル

私とツル里・八代

　私は本州唯一のナベヅルの越冬地、現在の山口県周南市八代で生まれ育ち、現在も住み続けています。私の小学校時代（60年前）は山口県熊毛郡熊毛町八代で高等学校も中学校もありましたし、私の同級生も50人いました。冬には、遠いシベリヤからナベヅルも120羽前後が渡来し、今で言えば本当に豊かな自然の残る里山の町でした。

　その頃は私も虫や小鳥好きで、よく野山を駆け巡り、またいろいろな昆虫を採取し遊んでいました。5・6年生になると、木の根っ子とマツカサでツルの置物をつくり、当時5円位で小学校の購買券と交換し、ノートや消しゴム等々を購入していました。今でも、当時の懐かしい思い出がよみがえってきます。

購買券と交換していた懐かしいツル工作品（ツルの里文化作品展）

アイデアに優れたツル工作品（ツルの里文化作品展）

　夢現塾（村おこしグループ）発足時の合言葉に「子供100人　ツル100羽　八代の人口1000人」を目指そうと掲げましたが、これは八代地区の願いでもあります。この希望的願望は、60年前の豊かな自然があった八代にタイムスリップする事です。

　しかしながら、ナベヅルの渡来数が年々減少するにつれ、八代の人口も同様に減少していきました。更に過疎化が進んで、中学校も高等学校も無くなりました。田畑も三分の二程度になっています。八代小学校の全児童数も10人前後と、限界集落に限りなく近づいていると思います。

　このまま進めば、いつかはナベヅルの渡来数が0羽になり、人口も300人以下となり、田畑も半分以下になればツルの里・八代も消滅します。同時に八代の里山も崩壊し、現在いる絶滅危惧種の昆虫類、ギフチョウやタガメやゲンゴロウ等もいなくなる可能性があり心配です。だからこそ、地域一丸となって八代の宝を大切に守っていきたいと思います。

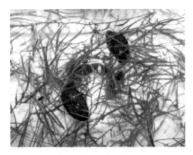

クロゲンゴロウ

シマゲンゴロウ

ギフチョウ

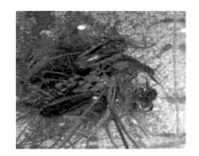

タガメ

たくさんのツルに来てほしいな

　2010年、周南市内の工場を定年退職し、新たな門出として
NPO法人ナベヅル環境保護協会に入会しました。2反の休耕
田を利用して居場所のない弱いナベヅルを呼び込み、飛来数
を増やす目的で、西岡武美会長（NPO法人ナベヅル環境保護
協会初代会長）の勧めで、休耕田に水を張りドジョウを放流
しました。

　その後、各団体（ナベ協・ツルを愛する会・夢現塾）の協
力を受け、休耕田の周りに土のうを置き、本格的なビオトー
プ（生物生息空間）を造る事が出来ました。

　1年2年と経つにつれビオトープの中は、カエル・メダカ・
タイコウチ・ゲンゴロウと、みずみずしい豊かな自然が出来
上がってきました。ツルの餌となるドジョウ以外にも、沢山
の水中生物が棲みつき、ナベヅルが飛来すれば八代で一番の
餌場で冬を過ごせる最高の越冬地になったのではないでしょ
うか。

　4年目には水中昆虫の王様タガメまで生息するようになり、
多種多様な生きものがこのビオトープに息づいてきました。
軽い気持ちで造り上げたビオトープが60年前の豊かな自然に
戻りつつあります。これこそ野生生物の生息空間ビオトープ
ではないでしょうか。あとは、ナベヅルの飛来を待つだけです。

　そして、この冬に待望のツルがビオトープに舞い降りまし
た。単独1羽で渡来したツルと1羽の放鳥ヅルでした。また、
最後に渡来した2羽の家族も、このビオトープを利用し同じ
行動をとり、4羽で一緒に北帰行しました。

　5年目には、3家族5羽がこのビオトープを利用しました。

八代において、なわばり意識の強いツルが、この狭い餌場に複数の家族が住み居つくことが出来るのも、このビオトープがあるからではないでしょうか。

ツルを呼び込むための模型・デコイ

複数の家族が住むビオトープの横の田

ビオトープで餌をついばむナベヅル

世界初の出来事になるか？

　しかし、この豊かな地にも問題があります。この大陽寺地区は数十年の杉・ヒノキが200本立ちはだかり、ツルの旋回を許さず、また田畑が荒廃しキツネや野犬の隠れ家となり、ツルにとって決して安心安全な場所とはいえません。

村おこしグループ・夢現塾は、各種イベント及びツルのねぐらづくりを柱に活動して来ましたが、今年からはツルの餌場づくりにも挑戦しました。そのひとつが、大陽寺地区の地権者の御協力を得て人力による立木の伐採、荒廃した田畑の復元を休日返上で実施しました。この作業は、新しく開拓するより難しく、会員全員の協力でツルが来るまでに完成することが出来ました。

　生まれ変わった大陽寺地区で、今までに一番広い1000㎡の田をビオトープとして活用し、ドジョウを放流することで生物多様性に富んだ里山を構築する。それこそが、ツルにとって安心安全に暮らせて、持続的に利用してくれるのではないかと信じています。しかし、この原稿を書いている11月8日現在、ツルは1家族3羽のみの渡来です。私の脳裏に不安がかすめています。

　ナベヅルは特別天然記念物に指定されており、山口の県鳥でもあります。熊毛八代地区は環境省が定める重要な里地里山でもあります。この本の読者の皆様、この地域の環境を理解して頂き、今後ともご協力とご支援をお願いいたします。

木が生い茂る荒廃した田畑

生まれ変わった台地

平成27年10月26日（月）　八代小学校『つる日記』より

『ドジョウ放流』　10月19日に田島さんのお世話でドジョウの放流がありました。田島さんが、ドジョウを2千びきも育ててくださっていました。たくさんのツルに来てほしいなと思います。
毎年冬にはナベヅルが、このビオトープで華麗なツルの舞い見せてくれるのです。

　そんな中、2020年2月14日現在、13羽も八代にナベヅルが飛来したのです。（2019年度飛来として記録）。これは八代の空を舞う13年ぶりの嬉しい記録だったのです。
　しかも、2月3日の5陣（成鳥1羽幼鳥2羽）は親子ではなく、八代を知っている成鳥が出水で親とはぐれた幼鳥を連れて来た可能性があるのです。また、今季出水から移送されたツル5羽も放鳥されました。1月24日に放鳥ヅル3羽が防府市内の水田で確認されました。しかし、2月14日に1羽舞い戻りました（2回目の事例）。そして、2月17日に残りの2羽も戻って来ました（初めての事例）。何か嬉しい事例が続いています。また、出水から来た2羽の幼鳥が成鳥になって八代に帰って来る可能性があり、八代のツルに出水のツルとの新しいDNAが組み込まれることになるかも知れません。更に、今季放鳥したナベヅルが八代に戻って来る予感がしています。そうなれば、世界初の出来事になります。

2020年度は、昨年度を上回る14羽が飛来しました。そして、2021年度はなんと28羽のナベヅルが！　（2022年）2月14日7時15分、ビオトープの上を13羽が旋回しているではないか！　思わず八代に来ているツルが全部このビオトープに来たのかと大興奮しました。

　しかし、数が合いません。すぐに監視員に連絡すると、彼も興奮して、再度、何羽飛んでいるか確認してくれと。13羽を確認し、また連絡すると、今日来たツルに間違いないと言われました。ただ、ビオトープの2羽のツルが縄張りを主張して3回旋回しただけで、野鶴監視所前に降りたということが分かりました。この情報が八代の人々に伝わり、野鶴監視所周辺は蒼然となりました。

　それからは、県外も含め、毎日100人以上の観光客が訪れ、十数年見たことのない優雅に大空を舞うツルの姿に驚き感激する毎日でした。

野鶴監視前の風景

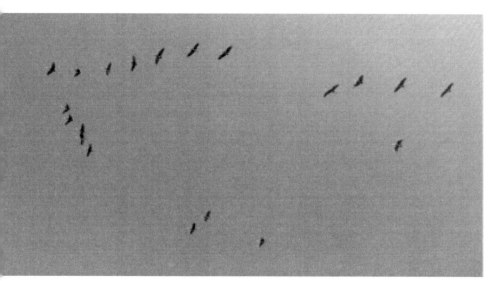

2022年吉日、八代の大空を優雅に舞うたくさんのナベヅル

八代の俗謡
♬　♪　ツル・ツル・鍵になれ〜竿になれ〜太鼓の鉢の蓋になあれ〜♬

　行政のツルを増やす取組みとして、世界最大級のツルの越冬地・鹿児島県出水市で負傷したナベヅルを定期的に八代に護送し、看護飼育し放鳥してきたが、残念ながら一度も八代に戻って来た事はない。

【鹿児島県出水市より負傷ヅルが送られてきた時の風景】

子供たちが出迎え

交流センターでツルが降ろされる

鶴の慰霊祭

　地元八代では、12月にツルを愛する会主催「鶴の慰霊祭」が、毎年行われています。

慰霊祭が行われるツルの墓から望む八代小学校

慰霊祭が開催される

僧侶による読経供養

八代小学校女子児童によるツルの舞が奉納される

鶴の舞

1、　山脈幾重たちつづく
　　　青垣山の中つ国
　　　西の周防に秋くれば
　　　八代の里はおもしろや

2、風白露に吹き落ちて
　　　草葉に虫の集く時
　　　空に漂う白雲に
　　　羽根打ち交はし田鶴ぞ来る

　最後になりましたが、私は家の窓から、ビオトープに舞い降りるナベツルを見ながら、残り少ない最後の楽園を酒と嗜んでいます。

第4部

私のツル工作品展

ツルへの思いを込めたツル工作

●●●●●●●●●●●●●●●●●●●

高さ 80 ｃｍダイオウマツのツル工作品　《迫力満点の自信作》

木の株を活用したツル工作品（高さ 50 ｃｍ）

黒竹製　飛ぶツルの羽は笹

黒竹製　飛ぶツルの羽はシロの葉（ツルは約3mm）

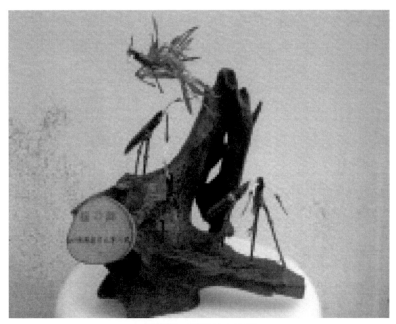

黒竹製　飛ぶツルは笹

山水　黒竹製　飛ぶツルはシロの葉（ツルの台はサルノコシカケ）①

山水　黒竹製　飛ぶツルはシロの葉（ツルの台はサルノコシカケ）②

山水　黒竹製　飛ぶツルはシロの葉（ツルの台はサルノコシカケ）③

山水　黒竹製　飛ぶツルはシロの葉（ツルの台はサルノコシカケ）④

わらのうに舞うツル①

わらのうに舞うツル②

わらのうに舞うツル③

ツルの小物入れ

竹花瓶

ツルが舞う花瓶

山水　マツカサツルとサルノコシカケ

根っこもツル　マツカサツル　サルノコシカ

定番のマツカサツルと亀①

定番のマツカサツルと亀②

定番のマツカサツルと亀③

定番のマツカサツルと亀④

定番のマツカサツルと亀⑤

定番のマツカサツルと亀⑥

私のツル工作は、流木＆根っ子を利用しています。

【特別寄稿】

八代小学校校長　片山和典

　著者である田島さんと初めて出会ったのは、令和6年、私が八代小学校に着任してあいさつ回りをしている時でした。事前に教頭先生からギフチョウやタガメの保護でお世話になっていることを聞いていましたので、どんな人物なのかとても興味がありました。実際にお会いすると、優しそうな雰囲気の中にもどこか情熱を秘めたオーラを感じました。そして、今回、本書にてその優しさと情熱を改めて知ることになったのです。

　ギフチョウ、タガメ、そしてナベヅル。どれも八代を代表する生き物です。特にナベヅルについては、マスコミにも毎年のように取り上げられ、テレビや新聞で報道されています。八代地区を挙げての保護活動により、渡来数に差はありますが、着実に成果は出ています。とはいえ、私自身、実のところ八代小学校に着任したばかりの状態でこの原稿を書いていますので、本物のナベヅルにはまだ出会えていません。今後、ねぐらの整備や「つるよ来い来い集会」などを通して、たくさんのナベヅルが飛来するよう、地域の方と一緒に迎える準備に励みたいと思います。

　ギフチョウについては、この4月に放蝶式を終えたあと、すぐに田島さんから新しい卵を託されました。5月末現在、子どもたちは、ふ化した幼虫のお世話に毎日奮闘中で、ほと

んどがさなぎになっています。最初の頃にいただいたカンアオイは既に食べられて無くなっており、幼虫が日に日に育って大きくなる時期には、田島さんが毎日のように新しいカンアオイの葉を届けてくれました。その姿からは、ギフチョウに対する愛情をひしひしと感じました。

　そして、タガメは、実は私にとっては身近な生き物です。昔、私が育った田舎の田んぼには、タガメがたくさんいました。また、学校あるあるとして、夏のプール掃除のときにもタガメを数匹見かけることがありました。最近ではあまり見なくなったと思ったら、希少な生き物になっていたということで、少し驚いています。八代地区では、田島さんが中心となってタガメを保護しており、八代小学校の子どもたちも保護活動に関わらせてもらっています。ナベヅル、ギフチョウの保護活動とともに貴重な体験であり、とてもありがたく思っています。

　本書には、これら希少な生き物を、愛情をもって育て、見守り、未来へつないでいこうという田島さんの情熱がこもっています。それは、実際に長年育て、見守ってきたという確かな裏付けのある、細かな生態の記述からも伝わってきます。読み進めていくと、これらの保護活動は、田島さんだからこそできるのではないかとも思えてきます。だからこそ、こうして書籍化し、後世にその功績を残していくことは大切で、意義のあることなのです。そして、これからも、未来を担う子どもたちに情熱をもって教えてくれる、優しい八代地区の一人であってほしいと願っています。

令和6年6月

田島さんとの出会いと学校とのかかわり

　田島さんとの出会いは、私が八代小学校へ着任した令和5年の4月。新年度の始業式3日後に「ギフチョウ放蝶式」が予定されていましたが、すでに春休みには羽化が始まっていました。

　そこで、すぐに田島さんに連絡すると、放蝶式当日にたくさんのギフチョウを放蝶できるようにと、何度も学校に足を運んでくださり、新着任の担当教職員に丁寧に説明しながら、一緒に準備を進めてくださいました。

　放蝶後は、ギフチョウの卵がふ化し、幼虫からさなぎになるまでの間、えさのカンアオイを絶えず学校へ届けていただき、飼育環境についてのアドバイスをいただきました。

　無事にさなぎになった後は、タガメの飼育スタート。

　ギフチョウ飼育時同様、タガメの卵がふ化して幼虫になった後は、えさのオタマジャクシを毎朝のように学校へ届けてくださり、脱皮を繰り返して大きくなるまで飼育担当の4年生児童と担当教員に世話の仕方を分かりやすく教えていただきました。そのおかげで、大きく育ったタガメは、夏休みに入ってすぐに八代の川に放すことができました。

　着任したばかりの教職員や世話を担当する中学年児童にとっては初めての経験でしたが、無事に放蝶・放虫ができたのは、絶滅危惧種に指定されたギフチョウやタガメが住み続けられるようにと、八代の自然環境を守りながら飼育活動を長く続けられてきた田島さんの努力あってこそだと、感謝の思いが大きくなりました。

　タガメ放虫後も、1・2年生児童によるスズムシの飼育や、3・4年生のやしろフェスティバルでの発表準備、5・6年生のつる日記作成へ向けた取材など、一年を通して田島さんにはお世話になっています。いつも学校のことを気にかけ、何かあれば、すぐに駆けつけてくだる田島さん。何を聞いても優しく教えてくださるので、教職員みんなが頼りにしています。

　私たちを温かく見守り、支えてくださる田島さんにこの場を借りて感謝の気持ちを伝えたいと思います。いつもありがとうございます。これからも八代小学校をよろしくお願いいたします。

八代小学校教頭　赤木直枝

著者紹介

田島　実（たじま みのる）

1950 年 7 月 6 日、山口県熊毛郡熊毛町（現・周南市）八代生まれ。
会社員の頃から蝶の採集に没頭し、30 歳後半からギフチョウの
保護活動を開始する。60 歳定年退職を機に、ナベヅルを呼び込
む目的で休耕田をビオトープにし、タガメの保護活動も始める。
毎年 4 月に八代小学校で行われる放蝶式では報道関係者からの
取材に対応し、「チョウ博士」として親しまれている。
平成 29 年度、やまぐち自然共生ネットワーク会長表彰
令和元年度、山口県環境保全活動功労者等知事表彰
NPO 法人　ナベヅル環境保護協会　副会長
八代のギフチョウを守る会　顧問
周南市鶴保護監視員
夢現塾　塾生

八代のチョウ博士　―ギフチョウを守りタガメを保護し、ナベヅルを愛する―

2024 年 7 月 23 日　初版発行

著　者　田島 実
発行者　宮本明浩
発行所　株式会社ヌース出版
　（本　社）東京都港区南青山 2 丁目 2 番 1 5 号　ウィン青山 942
　　　電話　03-6403-9781　　URL　http://www.nu-su.com
　（編集部）山口県岩国市横山 2 丁目 2 番 1 6 号
　　　電話　0827-35-4012　　FAX　0827-35-4013

ISBN978-4-902462-31-9

《ヌース出版・好評既刊》

『世界の頂点を極める』

（大賀幹夫 監修・宮本明浩 著）
2024 年 4 月 26 日発行
定価：1,980 円
196 頁　四六判
ISBN978-4-902462-30-2

(内容)

　幼少期のいじめられっ子が九州大学柔道部で寝技に打ち込み、約 5 年間勤務した京セラを辞職して、アジア人初のブラジリアン柔術黒帯世界王者になるまでの壮大な道程を綴った大賀幹夫の半生記。

　大賀は、北大柔道部だった中井祐樹氏の影響で会社員時代に柔術を始める。(UFC で優勝したホイス・グレイシーが「兄ヒクソンは私の十倍強い」と発言した事が話題となったが、そのヒクソンと戦った格闘家が中井祐樹氏である。)

　大賀の人生は、九大柔道部時代の恩師や同期の部員たち、京セラ時代の上司、友人の中井祐樹氏といった数々の出会いによってダイナミックに展開していく。世界の頂点を極めたストーリー(実話)には、柔術関係者や格闘家に限らず、あらゆる競技者に共通した普遍的な「試合に勝つ」「世界一になる」ためのヒントが詰まっている。

『超自分史のススメ』

（宮本明浩 著）
2023 年 12 月 9 日発行
定価：1,485 円
139 頁　四六判
ISBN978-4-902462-29-6

(内容)

　ヌース出版創立３０周年記念図書。自分史を完成させた先に拡がる人生の為に超自分史にすることを提唱。自分史を書いた経験を元に自分史のつくり方を綴り、著者自身の自分史をサンプルに掲載。